つくりには、
じどう車が しごとに合わせて
どんなつくりをしているか
書きましょう。

しごと（やくわり）には、
じどう車が どんなしごとを
しているか 書きましょう。

じどう車の
名前を
書きましょう。

はたらくじどう車の名前
ポンプ車

名前
はまだゆうか

しごと（やくわり）
ポンプ車は、小さいじしょうがおきたとき、じょう場へ行き、火をけすしごとをしています。水をおくっています。

つくり
そのために、水をおくる上げて、ホースについているポンプがついています。
ホースカーは、ホースじょう場までがはこびます。
車です。
ポンプ車から火じょう場まではこびます。
ホースをのばしながら、水をまくホースをのばします。

ページの中から、じどう車の
くふうをえらんで 書きましょう。

じどう車の 絵を
かきましょう。

はたらくじどう車ずかんの用紙は 本のおわりに あります。

しょうぼう車・
きゅうきゅう車

小峰書店編集部　編

小峰書店

●しょうぼう車　きゅうきゅう車って どんな車？

▶

しょうぼう車

しょうぼう車は、
赤い車です。
火じのときに、
出どうします。

しょう火せん

火をけすときにつかう　水道が
あるところです。
ポンプ車のホースをつないで
水を　すい上げます。

地めんにある　しょう火せん

ふたをあけて
しょう火せんに　ホースをつなぐ

赤いランプと サイレンがある

いそいで 火じ場や ぐあいのわるい人の ところへ
むかうとき、赤いランプを 光らせ、サイレンを鳴らします。
赤しんごうでも とまらずに 走ることができます。

▶ ### きゅうきゅう車

きゅうきゅう車は、白い車です。
ぐあいのわるい人を
びょういんへ はこびます。

しょうぼうしょに いる

どちらも しょうぼうしょに います。
119番に 知らせが入ると、出どうします。

119番で よぶ

火じを見つけたり、
きゅうきゅう車を
よんだりするときは、
119番に 電話をします。

もくじ

しょうぼう車　きゅうきゅう車って
どんな車？ …… 2

ポンプ車 …… 6

はしご車 …… 10

レスキュー車 …… 14

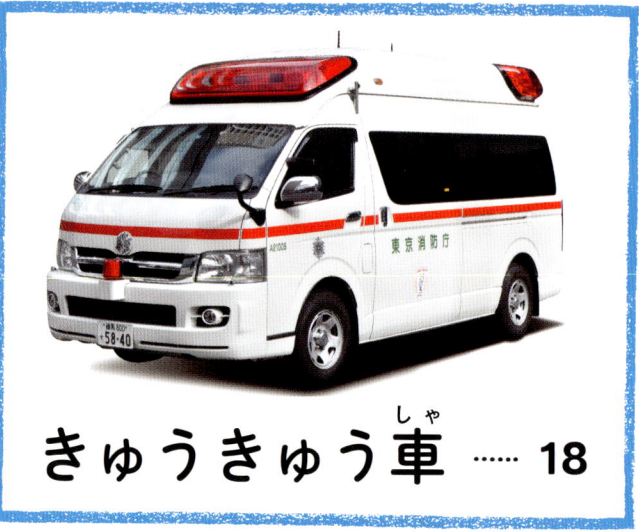
きゅうきゅう車 …… 18

  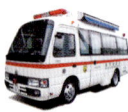 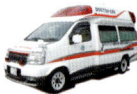 

水そう車 …… 22

か学車 …… 24

しょうぼうオートバイ
…… 26

はたらくじどう車
ずかんカード …… 28

スーパーポンパー　　　む人走行ほう水車　　　じゅうきはんそう車　　　しょうぼうきゅうきゅう車
高はっぽう車　　　　　しょうがいぶつじょきょ車　そうわんじゅうき　　　スーパーアンビュランス
くっせつほう水とう車　とくしゅさいがいたいさく車　しきたい車　　　　　とくしゅきゅうきゅう車
空中作ぎょう車　　　　しょう明電げん車　　　きゅう出ロボット　　　ドクターカー

ポンプ車

● ポンプ車は、
　どんなしごとを　していますか？　▶

ポンプ車は、火じがおきたとき、さいしょに
火じ場へ行き、水をまいて 火をけすしごとを しています。

ポンプ車

● ポンプ車は、しごとに合わせてどんなつくりを　していますか？

ポンプ

ポンプは、
しょう火せんにつないで
水をすい上げ、
ホースに　水をおくる
きかいです。
はしご車や　ほう水車など、
ポンプがついていない
車にも　水をおくります。

ホース

ポンプで　すい上げた水を
まくホースを　つんでいます。

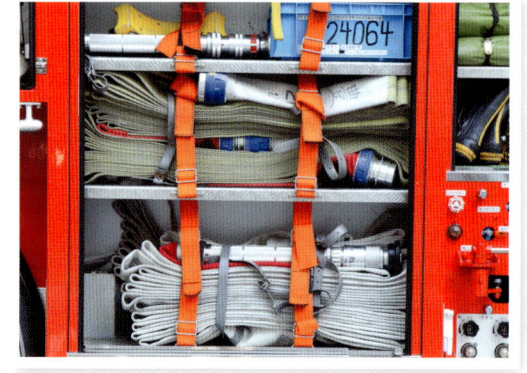

ポンプ車には、水をすい上げて、
ホースへおくる ポンプが ついています。

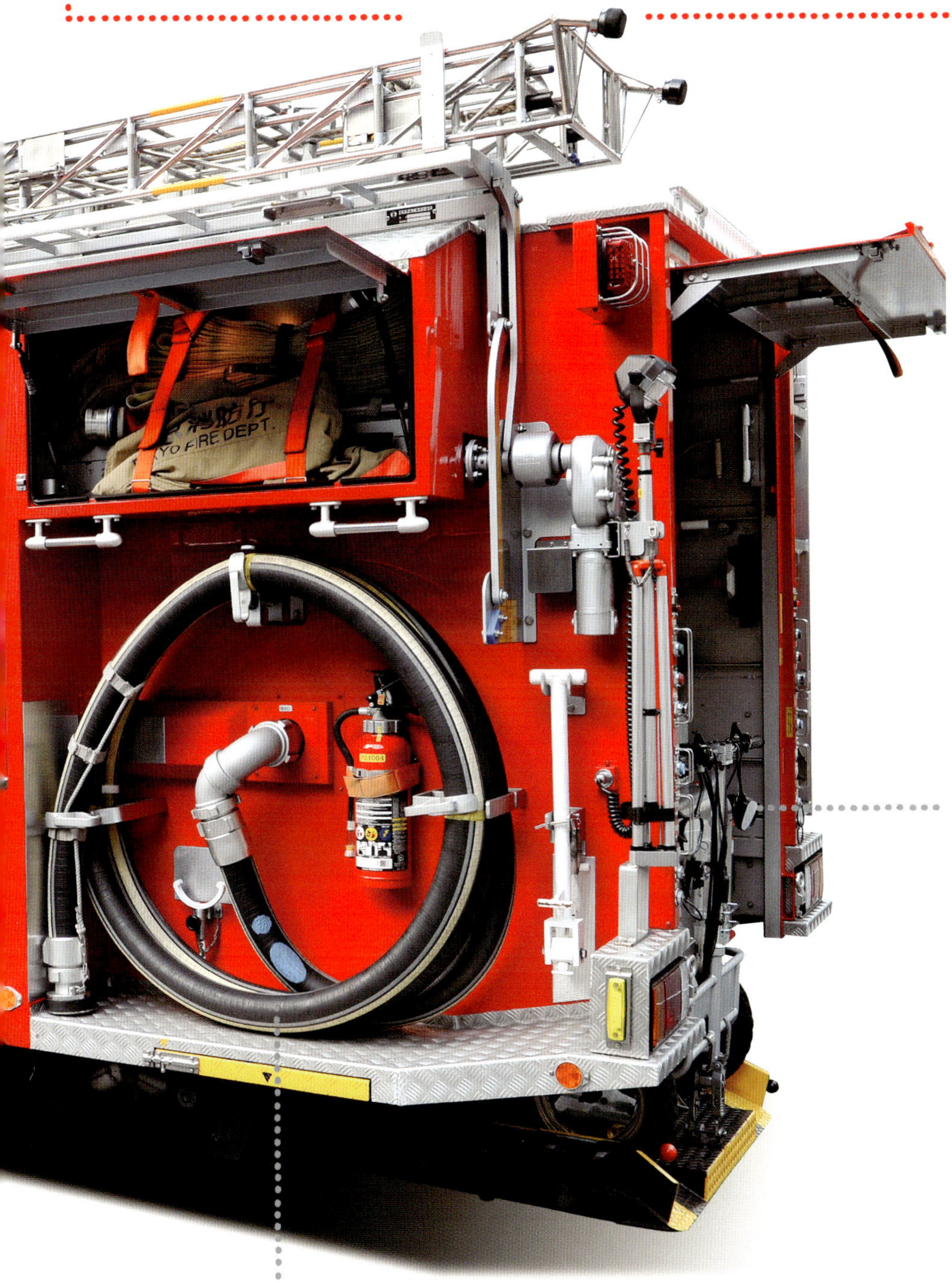

水をすい上げるための ホース
しょう火せんや 川、プールから、
水をすい上げるときに つかいます。

ホースカー
ホースカーは、
ホースをはこぶ 車です。
ポンプ車から火じ場までが
遠いときは、
水をまく ホースを
のばしながら はこびます。

はしご車

ページの むきをかえて みてね！

にげおくれた人を たすけだす

しょうぼうしは、のばしたはしごに のって、にげおくれた人を ベランダや おく上から たすけだします。

高いところの火を けす

はしごの上から 水を まいて 高いところの 火を けします。

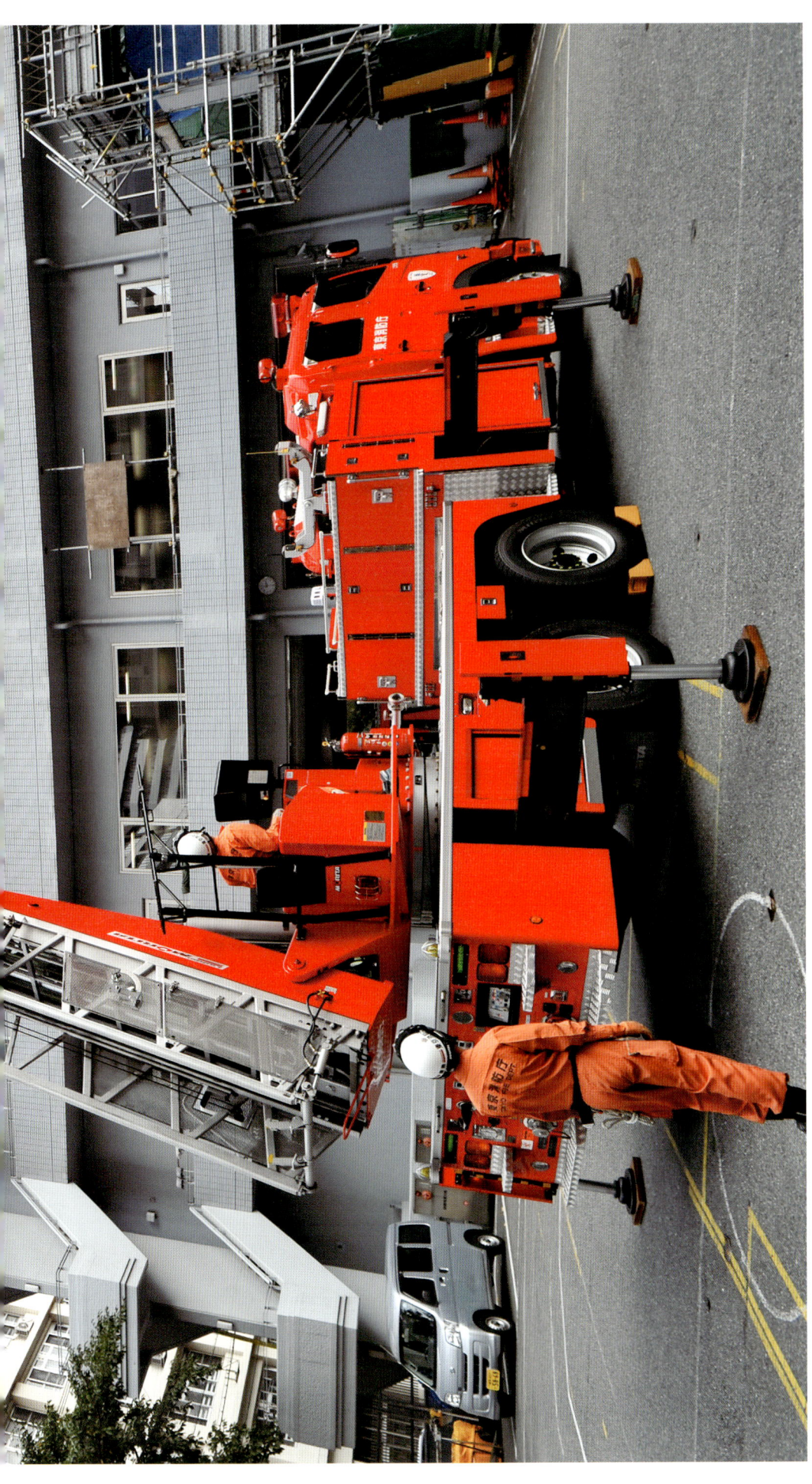

●はしご車は、どんなしごとを していますか？

はしご車は、高いたてものの 火じのときに 出どうします。

▲ 高いところの火を けしたり、
にげおくれた人を たすけだしたりする しごとを しています。

11

はしご車

● はしご車は、しごとに合わせてどんな**つくり**を　していますか？

はしご
はしごをのばすと、
ビルの12かいくらいまで
とどきます。

**はしごを
うごかすところ**
はしごは、
はしごのよこにある
そうじゅうせきで
うごかします。

ささえる足
はしごをのばしても
たおれないように、
足を出して　ふんばります。

はしご車には、長くのびるはしごが ついています。
はしごの先には バスケットというかごが あります。

バスケット

しょうぼうしは、
バスケットにのって、
火をけしたり
人をたすけだしたりします。

レスキュー車

● レスキュー車は、どんなしごとを していますか？

レスキュー車は、火じや 地しんなど
さいがいがおきた場しょへ、レスキューたいいんと
たいいんがつかうどうぐを はこぶしごとを しています。

レスキュー車

● レスキュー車は、しごとに合わせてどんなつくりを していますか？

ウィンチ

ウィンチは、ロープをまきとる きかいです。
道をふさぐ 車や木に ロープをつなぎ、ウィンチでまきとって、じゃまにならない場しょまで はこびます。

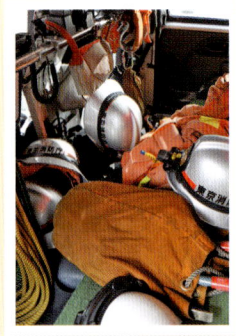

ざせきに ようい

レスキューたいいんが、
いそいで 活どうできるように、
ざせきに ヘルメットやぼう火ふく、
ロープなどを よういしておきます。

レスキュー車は、人をたすけるための
いろいろな道ぐを　たくさんつんでいます。

たなや引き出し

レスキューたいいんが　つかう道ぐは、300こくらいあります。
道ぐは　すぐにとり出せるように、たなや引き出しの　きめられた場しょに
きちんとしまってあります。

ゆあつしきカッター。
てつのドアや
パイプなどを切る。

レスキューツール

レスキューたいいんが、
いちばんつかう道ぐが　レスキューツールです。
ゆあつしきカッターや
ゆあつしきスプレッダーなどが　あります。

ゆあつしきスプレッダー。
あかなくなったドアを
こじあけたり、
こわしたりするときなどに
つかう。

きゅうきゅう車

● きゅうきゅう車は、
　どんなしごとを　していますか？

びょう気の人や、けがをした人を
いそいで びょういんへ
はこぶしごとを しています。

いそいでいることを知らせる

きゅうきゅう車は、赤いランプを光らせサイレンをならして、まわりの 車や人にいそいでいることを知らせます。

きゅうきゅう車

● きゅうきゅう車は、しごとに合わせてどんなつくりを していますか？

きゅうきゅうバッグ

車には、いそいで手あてをするための道ぐが入ったバッグをつんでいます。
バッグの中には、けつあつ計や人工こきゅうきなどが入っています。

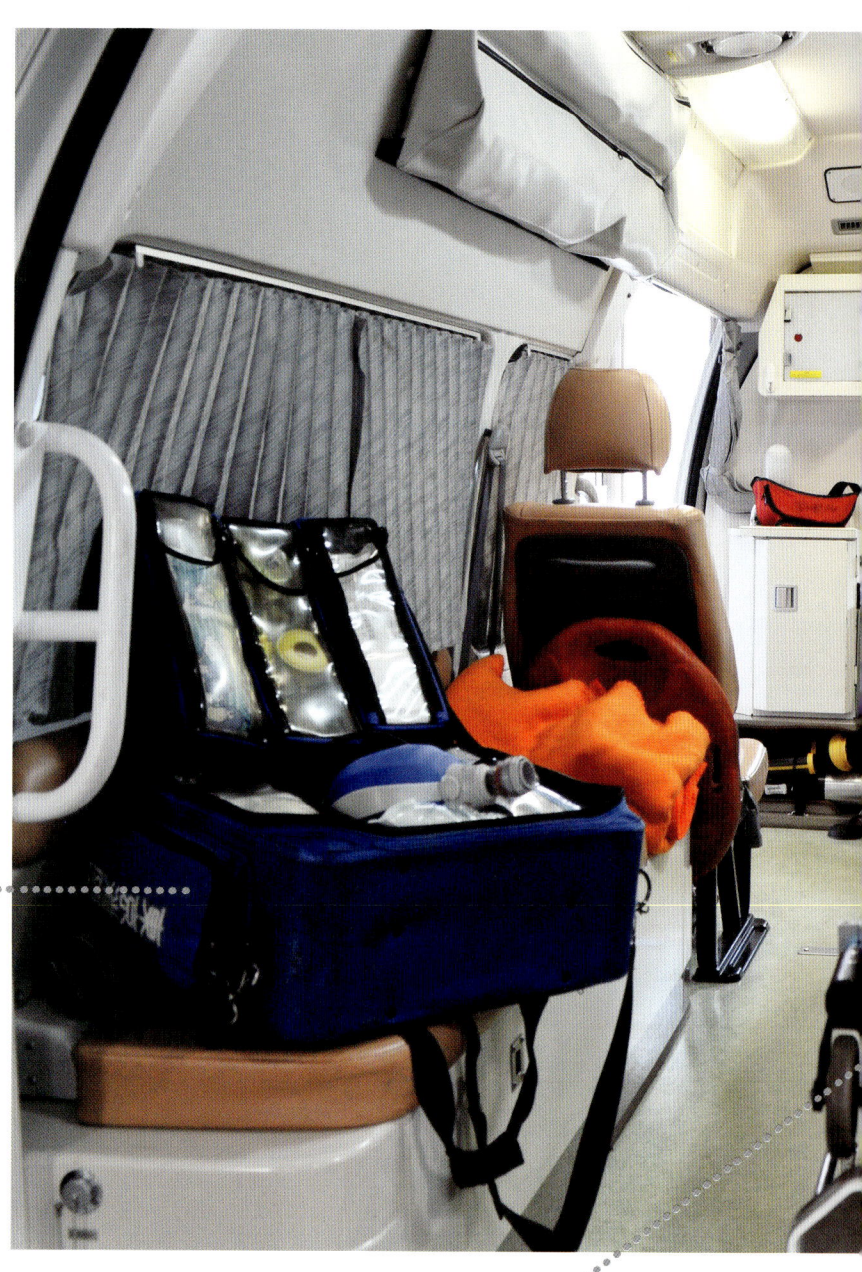

ストレッチャー

かんじゃを ねかせたまま はこぶためのストレッチャーを つんでいます。

> きゅうきゅう車は、びょう気の人や
> けがをした人を、ねかせたまま
> はこぶことができるように　なっています。

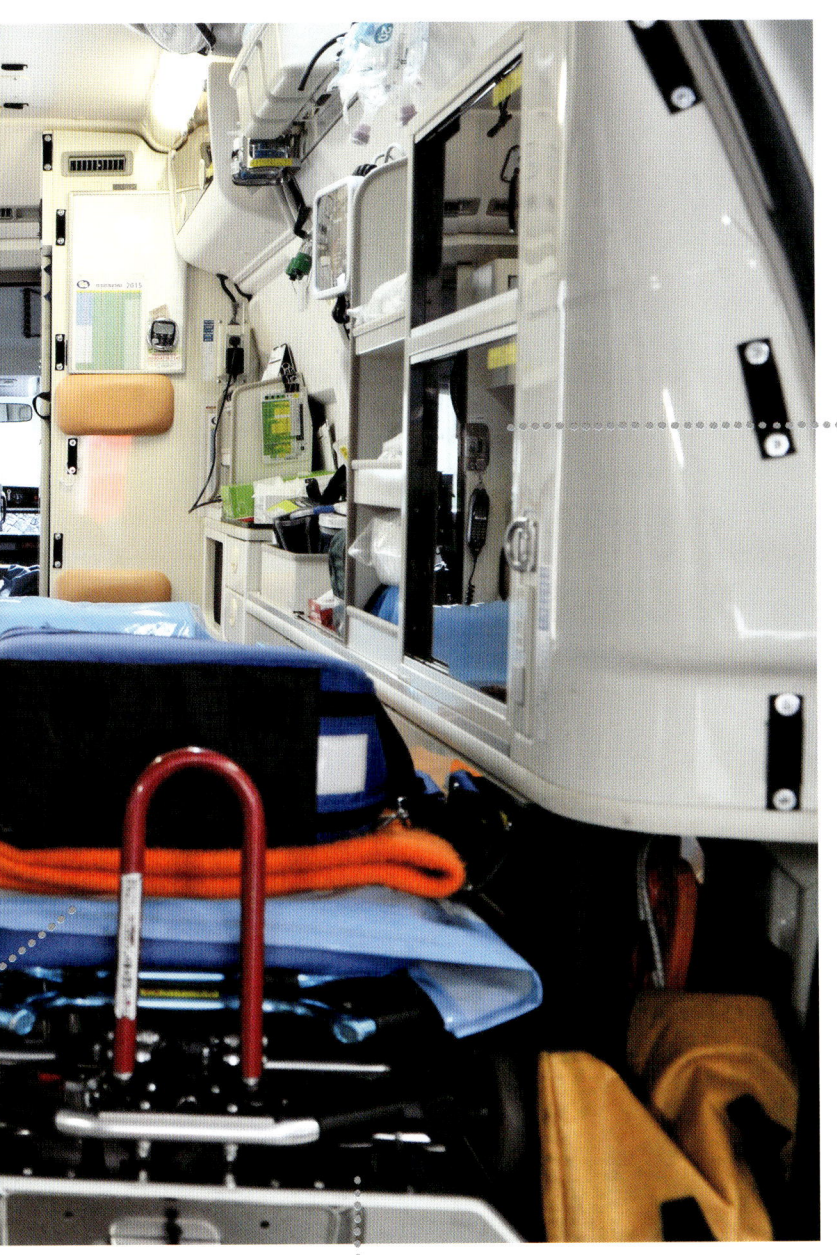

きかいや　くすり

びょういんへむかう　あいだでも
手あてができるように、
きかいやくすりを　つんでいます。

ストレッチャー用レール

ストレッチャーを、車の中へ
のせると、そのまま
ベッドとして　つかうことができる
せん用のレールが　しいてあります。

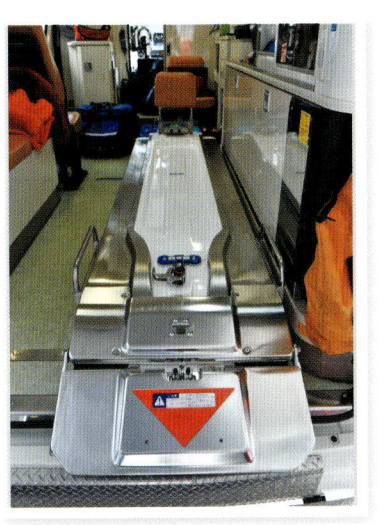

水そう車

ほう水じゅう
水そうの水を まくことができる ほう水じゅうが ついています。

ポンプ
水そうに 水をすい上げたり、ポンプ車に 水をおくったりする ポンプが ついています。

● 水そう車は、どんなしごとを していますか?

▶ 水そう車は、山の中のような、水がない場しょの 火じのときに、ポンプ車やはしご車へ 水をおくるしごとを しています。

水そう
水そうは、水のおもみで車がかたむかないような形になっています。

きゅう水口
大きな地しんや台風などのさいがいで 水道がつかえなくなったときに、のみ水を 出します。

● 水そう車は、しごとに合わせてどんな**つくり**を していますか？

▶ 水そう車には、おふろ50ぱい分（1万リットル）の水が入る 大きな水そうが ついています。

か学車

ほう水じゅう

メーター、スイッチ

か学車には、あわが どれくらい のこっているか わかるメーターや、あわを出す強さを かえることができる スイッチが あります。

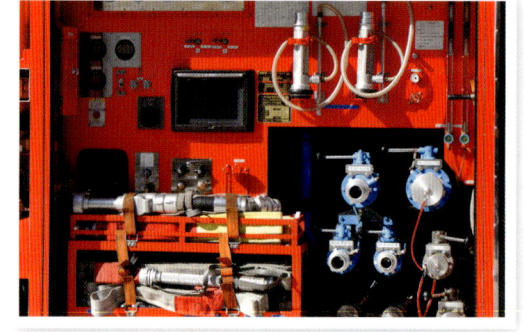

● か学車は、どんなしごとを していますか？

▶ か学車は、水だけで けすことができない 工場の火じのときに、水とくすりを まぜあわせた あわをまいて、火をけすしごとを しています。

水(すい)そう

くすりのタンク

水(みず)だけで
けすことができない
火(か)じ

工(こう)場(じょう)でつかっている
ざいりょうの中(なか)には、
水(みず)をかけると
もっともえあがったり、
ばくはつしたりする
きけんなものが　あります。
この火(ひ)は、とくべつなくすりと
水(みず)を　まぜあわせてつくった
あわをまいて　けします。

● か(がく)学(しゃ)車は、しごとに合(あ)わせて
どんなつくりを　していますか？

▶ か(がく)学(しゃ)車には、水(すい)そうと　くすりのタンク、
あわをまくための　ほう水(すい)じゅうなどが　ついています。

25

しょうぼうオートバイ

ポータブルカフス
火をけすための道ぐです。
タンクをせおって、あわを まきます。

1号車

● しょうぼうオートバイは、どんなしごとを していますか？

▶ しょうぼうオートバイは、しょうぼう車よりも先に火じ場にかけつけて、火じのようすを知らせたり火をけしたりする しごとを しています。

レスキューツール

とじこめられた人を
たすけだすための 道ぐです。
あかないドアを こわしたり、
すき間を ひろげたりします。

2号車

● しょうぼうオートバイは、しごとに合わせて どんなつくりを していますか？

▶ しょうぼうオートバイは、2台1組で 活どうします。
1号車には 火をけすための ポータブルカフス、
2号車には 人をたすけるための
レスキューツールを つんでいます。

はたらくじどう車 ずかんカード

しょうぼう車のなかま

スーパーポンパー そう水車／ホースえん長車

そう水車　ホースえん長車

しごと　大きな火じで、たくさんの水が いるとき、ポンプ車へ 水をおくります。

つくり　海や川から 水をくみ上げる そう水車と、長いホースをつんだ ホースえん長車の 2台1組で はたらきます。

高はっぽう車

しごと　たくさんのけむりが出る 火じのとき、きれいな空気を おくります。水だけできえない 火じのときは、火をけすための あわをまきます。

つくり　空気をおくったり、たくさんのあわをまいたりできる 黄色い大きなホースがついています。

くっせつほう水とう車

しごと　高い場しょや、しょうぼうしが 近づくことが できないところに、水をまいて 火をけします。

つくり　水をまくことができる 長いうでがあります。うでは、むきや高さをかえることができます。

空中作ぎょう車

しごと　大きなはしご車が 入ることができない 場しょで、はしご車のかわりに 火をけしたり、人をたすけだしたりします。

つくり　高いへいを のりこえて、火じ場に近づくことができる おれまがるうでがついています。

む人走行ほう水車

しごと 火のいきおいが強くて　しょうぼうしが近づくことができないとき、火じ場へ入り、水をまいて　火をけします。

つくり 人がのらずに、リモコンで　うごかすことができるので、火に近づいて水をまくことができます。

しょうがいぶつじょきょ車

しごと 火じ場やさいがいがおきた場しょで、じゃまになるものを　とりのぞきます。

つくり 人がのって　うごかすことができます。人が近づくことのできない　きけんな場しょでは、リモコンで　うごかすこともできます。

とくしゅさいがいたいさく車

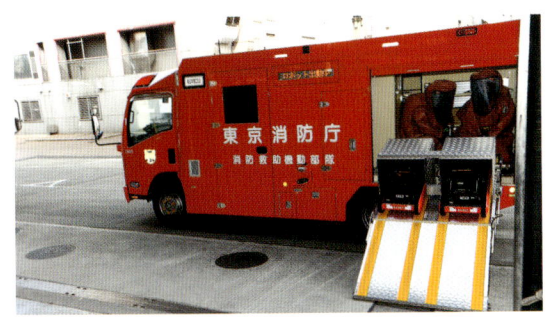

しごと か学さいがいで　体によくないガスが出たときに、どんなガスかしらべるしごとを　しています。

つくり どんなガスか　しらべるための、ロボットを　2台つんでいます。

しょう明電げん車

しごと 夜間やトンネルの中などのくらい場しょを　明るくてらします。

つくり 遠くまでてらすために、ライトを高くのばすことができます。

29

はたらくじどう車 ずかんカード

じゅうきはんそう車

しごと さいがいのときに、ショベルカーやブルドーザーなどをのせて 火じや地しんがおこった場しょへ はこびます。

つくり おもい車を のせたりおろしたりしやすいように に台をかたむけることができます。

そうわんじゅうき

しごと 2本のうでをつかって、人をたすけるときに じゃまになる木やコンクリートのかたまりなどを どかします。

つくり 右うでは ものをつかむ手、左うでは てつなどを切るカッターになっています。

しきたい車

しごと 火じ場の ようすがどうかじょうほうをあつめて、めいれいを出すしごとを しています。

つくり 車内には めいれいを出したりれんらくをとったり するためのむせん用のマイクが たくさんあります。

きゅう出ロボット

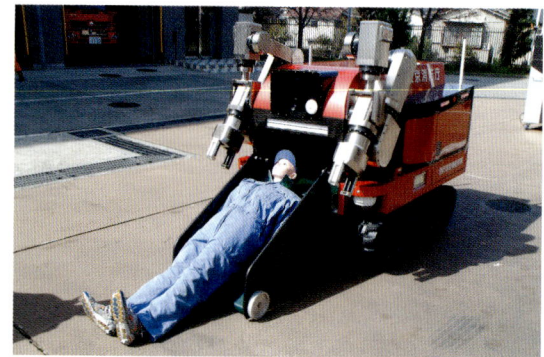

しごと レスキューたいいんが 近づくことができない場しょで、うごけなくなった人をたすけだします。

つくり リモコンでうごかす、2本のうでと、人をのせる ベルトコンベアが あります。

きゅうきゅう車のなかま

しょうぼうきゅうきゅう車

しごと 1台で、ポンプ車と きゅうきゅう車の どちらのしごとも できます。

つくり 車に ポンプがついています。中は、びょう気の人や、けがをした人を ねかせたまま、はこべるように つくってあります。

スーパーアンビュランス

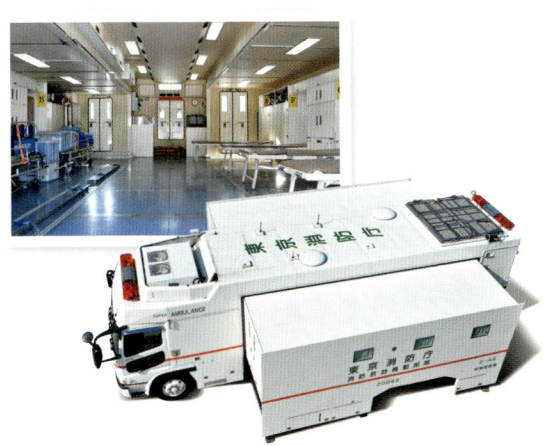

しごと 大きなじけんやじこのとき、車の中で いちどにたくさんの人を 手あてします。

つくり 車は 左右に広がって へやのようになり、8台のベッドを おくことができます。

とくしゅきゅうきゅう車

しごと 人にうつると きけんなびょう気に かかった人を びょういんまではこびます。

つくり びょう気がうつらない カプセルがたの ストレッチャーを のせています。

ドクターカー

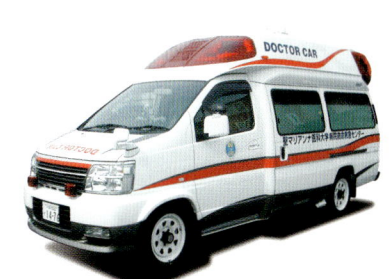

しごと いしやかんごしをのせて、けが人や びょう人などのいるところへ いそいで はこんだり、いしが かんじゃと いっしょにのって、かんじゃを べつの びょういんへ はこんだりします。

つくり ドクターカーには、まわりの車や人に いそいでいることを 知らせる 赤いランプが ついています。

31

【取材協力】
東京消防庁

【撮影】
矢野雅之

【写真協力】
東京消防庁
株式会社モリタ
福知山市消防本部
アマナイメージズ
PIXTA
聖マリアンナ医科大学病院
横浜市消防局
クスヤマ

【企画・編集】
西塔香絵・渡部のり子（小峰書店）
常松心平・高田暢子（オフィス303）

【装丁・本文デザイン】
細山田光宣・奥山志乃（細山田デザイン事務所）

【協力】
千葉県富里市教育委員会
古谷成司
千葉県印西市立小倉台小学校
古谷由美
はまだゆうか

はたらくじどう車　しごととつくり ②
しょうぼう車・きゅうきゅう車

2016年4月5日　第1刷発行
2024年1月20日　第10刷発行

編　著　　小峰書店編集部
発行者　　小峰広一郎
発行所　　株式会社小峰書店
　　　　　〒162-0066 東京都新宿区市谷台町4-15
　　　　　TEL 03-3357-3521　FAX 03-3357-1027
　　　　　https://www.komineshoten.co.jp/
印　刷　　株式会社精興社
製　本　　株式会社松岳社

©Komineshoten
2016　Printed in Japan
NDC 537　31p　29×23cm
ISBN978-4-338-30102-2

乱丁・落丁本はお取り替えいたします。
本書の無断での複写（コピー）、上演、放送等の二次利用、翻案等は、著作権法上の例外を除き禁じられています。本書の電子データ化などの無断複製は著作権法上の例外を除き禁じられています。代行業者等の第三者による本書の電子的複製も認められておりません。

はたらくじどう車ずかんの用紙

コピーをして つかいましょう。
つかい方は ひょう紙のうらを 見てください。